U0407818

撰　稿

张　迪　沈蓓蕾　孙　杰
唐旭东　曹　阳　赵　新
魏诗棋　郑士明　高　雪
柴冰冰　陈禹行　滕　雪
张　静　刘晓漫　王靖雯
康　健

插图绘制

雨孩子　肖猷洪　郑作鹏
王茜茜　郭　黎　任　嘉
陈　威　程　石　刘　瑶

装帧设计

陆思茁　陈　娇
高晓雨　张　楠

了不起的中国

传统文化卷

传统服饰

派糖童书　编绘

化学工业出版社

·北京·

图书在版编目(CIP)数据

传统服饰／派糖童书编绘.—北京：化学工业出版社，2023.10（2024.11重印）
（了不起的中国.传统文化卷）
ISBN 978-7-122-43833-1

Ⅰ. ①传… Ⅱ.①派… Ⅲ.①服饰文化-中国-儿童读物 Ⅳ.①TS941.12-49

中国国家版本馆CIP数据核字（2023）第133160号

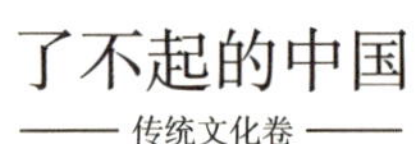

—— 传统文化卷 ——

传统服饰

责任编辑：刘晓婷　　　　责任校对：王　静

出版发行：化学工业出版社（北京市东城区青年湖南街13号　邮政编码 100011）
印　　装：河北尚唐印刷包装有限公司
787mm × 1092mm　1/16　印张5　2024年11月北京第1版第2次印刷

购书咨询：010-64518888　　售后服务：010-64518899
网　　址：http://www.cip.com.cn
凡购买本书，如有缺损质量问题，本社销售中心负责调换。

定　　价：35.00元

前　言

几千年前，世界诞生了四大文明古国，它们分别是古埃及、古印度、古巴比伦和中国。如今，其他三大文明都在历史长河中消亡，只有中华文明延续了下来。

究竟是怎样的国家，文化基因能延续五千年而没有中断？这五千年的悠久历史又给我们留下了什么？中华文化又是凭借什么走向世界的？“了不起的中国”系列图书会给你答案。

“了不起的中国”系列集结二十本分册，分为两辑出版：第一辑为“传统文化卷”，包括神话传说、姓名由来、中国汉字、礼仪之邦、诸子百家、灿烂文学、妙趣成语、二十四节气、传统节日、书画艺术、传统服饰、中华美食，共计十二本；第二辑为“古代科技卷”，包括丝绸之路、四大发明、中医中药、农耕水利、天文地理、古典建筑、算术几何、美器美物，共计八本。

这二十本分册体系完整——

从遥远的上古神话开始，讲述天地初创的神奇、英雄不屈的精神，在小读者心中建立起文明最初的底稿；当名姓标记血统、文字记录历史、礼仪规范行为之后，底稿上清晰的线条逐渐显露，那是一幅肌理细腻、规模宏大的巨作；诸子百家百花盛放，文学敷以亮色，成语点缀趣味，二十四节气联结自然的深邃，传统节日成为中国人年复一年的习惯，中华文明的巨幅画卷呈现梦幻般的色彩；

书画艺术的一笔一画调养身心，传统服饰的一丝一缕修正气质，中华美食的一饮一馔（zhuàn）滋养肉体……

在人文智慧绘就的画卷上，科学智慧绽放奇花。要知道，我国的科学技术水平在漫长的历史时期里一直走在世界前列，这是每个中国孩子可堪引以为傲的事实。陆上丝绸之路和海上丝绸之路，如源源不断的活水为亚、欧、非三大洲注入了活力，那是推动整个人类进步的路途；四大发明带来的文化普及、技术进步和地域开发的影响广泛性直至全球；中医中药、农耕水利的成就是现代人仍能承享的福祉；天文地理、算术几何领域的研究成果发展到如今已成为学术共识；古典建筑和器物之美是凝固的匠心和传世精华……

中华文明上下五千年，这套“了不起的中国”如此这般把五千年文明的来龙去脉轻声细语讲述清楚，让孩子明白：自豪有根，才不会自大；骄傲有源，才不会傲慢。当孩子向其他国家的人们介绍自己祖国的文化时——孩子们的时代更当是万国融会交流的时代——可见那样自信，那样踏实，那样句句确凿，让中国之美可以如诗般传诵到世界各地。

现在让我们翻开书，一起跨越时光，体会中国的“了不起”。

目　录

导 言

看电视的时候，一看人物的穿衣戴帽，我们就会马上知道这是古代剧还是现代剧，如果再对历史有一定了解，就能基本判断出讲的是哪个朝代的故事。人物的穿戴我们叫“服饰”，是服装饰品的统称。中华民族有五千年灿烂的文明史，而中华服饰是其中的重要组成部分，有着丰富的文化内涵。

中国素以礼仪之邦著称，古人对服饰的重视程度远远超出我们的想象。什么样的人在什么场合下穿什么样的衣服，衣服的款式、用料、颜色、花纹甚至配饰，都有来源和讲究。本书以时间为顺序，讲述不同朝代的服饰风格、服饰禁忌，以及古人不同时期的审美趣味、制衣技术的进步、政治性的体现等。同时还会以一些研究文献为基础，将小朋友在看电视、看电影、看戏、读书时可能接触到的服饰进行介绍，还原历史本来的样子，让小朋友更好地理解接触到的内容。这样，小朋友们就会知道“足下蹑（niè）丝履（lǚ），头上玳瑁（dàimào）光，腰若流纨（wán）素，耳著明月珰（dāng）”里，给脚下、头上、腰间、耳畔增辉的都是什么东西，“座中泣下谁最多，江州司马青衫湿”中青衫是什么衣服，“九天阊阖（chānghé）开宫殿，万国衣冠拜冕旒（miǎnliú）”中，为什么“衣冠”要拜“冕旒”了。

中华服饰起源

西方传说中，亚当和夏娃偷吃了智慧果后，有了自主意识，也有了羞耻之心，觉得赤身露体太不应该，就用树叶来蔽体，后来的人才知道要穿衣服。其实我们分析，天冷时人类要御寒，所以才会找块兽皮披一披；天热时要遮蔽日晒，才会用树叶遮挡。人类最开始穿衣服，一定是生存的必需。所以服装的发明源于人类的进化，直到人类有了文明意识，有了审美需求，才开始设计制造复杂一些的衣服，不过生存的需求还是第一位的。

人类很聪明，一块兽皮可以御寒，而将兽皮切割得更合身些，再用条状物扎束在身上，效果会更好。同时兽皮的外观，可以帮助人类伪装成野兽从而接近猎物，兽皮所带的气味也可以很好地掩盖人类的气味，让猎物难以发现，能够更好地帮助人类进行捕猎。生产工具的不断革新带来生产力的不断提升，进而使衣服的制作水平一直在飞速进步。到了旧石器时代后期，随着骨针的发明，人们开始缝制衣服，终于不用围着块兽皮出去打猎了；到了黄帝时代，有了上衣下裳，衣裳的材质也扩展到了麻和布。

原始服装

最早的人造面料——植物纤维

原始人类在不断摸索中，找到了提取植物纤维的方法。他们将在水中浸泡过的树皮用力捶打，去掉杂质，漂洗干净，留下粗糙的植物纤维，再将这些植物纤维不断揉搓直到变软，之后展开、压平、晾干，就形成一块完整的面料了，这就是最早的人造面料。

原始社会的服装

原始社会人类的衣服非常简陋，上身干脆不穿，或者用一整块兽皮包裹，或是在兽皮上挖一个洞，将脑袋套进去，类似现在的披肩；而下身一般是用柔软宽大的树叶或是兽皮做的仅能遮挡特殊部位的“裙子”。

第一枚缝衣针——骨针

目前发现最早的缝衣针是在北京周口店山顶洞人遗址出土的骨针，是将长形的兽骨不断地打磨成针状，再在较钝的一端钻挖一个小孔制作而成的。

骨针

纺轮的出现

纺轮的历史可以追溯到8000年前。最早的纺轮是石片做的，陶器出现后改成陶制，在青铜时代发展为青铜制。小小的纺轮虽然十分简单，但原始人在技术有限的情况下，还能通过它辅助自己灵巧的双手，把植物纤维和动物毛纺成线，这种纺线工艺直到现在还有人使用。

第一位服装设计师——黄帝

史书记载："黄帝始制冠冕，垂衣裳。"说明从黄帝时期开始，中国就有了衣服的款式形制。黄帝开创了中国人上衣下裳的服装款式：上衣能遮胸覆背，还有袖子护住胳膊；下裳则由前后两片缝合到一起，将人的下身围起来。直到今天，我们仍然将所有的衣服都统一称作"衣裳"，可见黄帝创制的衣裳形制对中国人影响之深。

黄帝

远古人的饰品

向往美是人的天性，从远古时期人们刚开始穿上衣服的时候起就有了饰品，许多古文明遗址都出土了耳环、项链、手镯等大量配饰。这些饰品有的用贝壳、骨头、石头制作，后来还出现了用玉石、玛瑙（nǎo）、象牙等珍贵材料制作的。

远古人生活条件艰苦，但仍然会花心思给这些饰品打磨、钻孔，说明这些饰品在当时是一种必需品。所以，远古人的饰品除了美化功能外，还有宗教功能、权力功能和礼仪功能，更是文明的萌芽在饰物上的一种体现。

古代文身

史书记载，在吴越之地居住的人经常要游泳、潜水来寻找食物，为了吓跑水中猛兽，他们会在身上文身。这种文身可能更像护身符，与远古的宗教信仰有关，人们通过文身来表达对神灵的敬畏。

等级分明的夏商周服饰

我国夏商周时期有明确的等级制度，在服饰上有严格的讲究，尤其发展到周代，服制十分完备，起到了最明显的“别等级，明贵贱”的作用，并被后世历朝历代效仿。普通百姓大多以麻布做衣裳穿，皇家贵族则有十分复杂的服饰系统。

夏商周时期也是生产技术飞速发展的时期，传说嫘（léi）祖（黄帝的元妃）教民养蚕，因为缺乏文字记载，这种说法还没有得到验证。不过，商代的甲骨文里已经有了桑、蚕、帛等字，所以至少商代的贵族是可以穿上光滑柔软的丝织品的。总之，夏商周时期，人们穿兽皮制成的衣服，也穿以丝、麻等经过加工制成的衣服，而且丝麻衣服还占据主流。

冕服制度

冕服是天子、诸侯和卿大夫这些统治阶级在参加非常隆重的场合时穿的。首先，普通人不能穿，只能皇室和贵族成员穿。其次，诸侯、卿大夫想穿冕服也要按照专属规制穿。而且要在大型场合穿，比如祭祀神灵的时候穿，平时是不能穿的。最后，根据场合不同，冕服规制和形式也是不同的。所以有些电视剧里演的天子无论到哪儿都一身的冕服是不对的。

冕服由三部分组成：冕冠、冕服和配饰。冕是头上戴的，有冕板和垂旒，天子的垂旒有十二条，用五彩线穿五色珠玉，每颗珠玉之间要相隔一寸，所以天子的垂旒长得垂到肩上，哪能没事儿总穿着。

冕服则更加讲究，上衣用玄色，衮（gǔn）衣画卷龙，下身着裳，前面垂着赤市，还要绘着十二章图案，十二章的位置和数目也有规定。

配饰则有革带、大带、佩绶等，每一样东西都有每一样的讲究。

冕服制度在西周时期发展完备，在西周礼制社会中扮演着重要角色。冕服制度是以服饰“别等级”的最明显表现，一直沿用到清朝才终结。

冕
星
月
龙
火
虫
宗彝
米

十二章

清朝皇帝朝服、吉服上绘绣的十二种花纹：上衣绘制日、月、星、山、龙、华虫；下裳绘制火、宗彝（yí）、粉米、藻、黼（fǔ）、黻（fú）。囊括了天地间有代表性的事物。

这里面，日、月、星，是光明的意思；

龙变化无穷、神通广大，天子也是如此；

山镇重安静，能安定四方；

华虫是雉鸡，文采华丽；

宗彝是宗庙祭祀用的酒器，上面画着虎和蜼（wěi），虎凶猛，蜼是长尾猿，又聪明又孝顺；

藻是水草，有洁净之意；

火，燃烧带来光明，还不断升腾，象征着明亮又向上；

粉米养人，有济养之德；

黼，是金斧，象征力量；

黻纹是两个己相背的样子，可能有君臣相济共事的意思。

依法穿衣

周代对穿衣有明确的法律规定，上至天子，下至庶民，什么时候、什么场合、什么身份穿什么衣服，都是规定好的。祭祀有祭祀的衣服，朝会有朝会的衣服，兵事有戎服，日常有常服，婚礼和丧礼的衣服更是非常鲜明。普通老百姓虽然没有王公大臣那么多规矩，但什么礼仪穿什么衣服也是不能错的。

司服——专司服饰的官职

《周礼·春官》:“司服掌王之吉凶衣服，辨其名物，与其用事。”司服，周代设置的专门负责管理君王衣服的人员。司服要将君王的衣服根据吉、凶、礼仪来分门别类，要分辨出各类衣服的名称及其各自适用的场合，以保证君王根据情况和场合正确着装。

寒衣

甲骨文里的“裘”字可以看到清晰的毛，所以夏商周时期人们的寒衣不但是用皮毛制成的，而且毛都露在外面。天子冕服中最高等级的大裘是黑羔皮的，其次有狐青裘、麛麑（mí ní，指小鹿）裘、貉（hé）裘等。西周时期人们制作皮衣的技艺有很大提升，制作的皮衣也更精美，但能穿得起皮衣的都是贵族。

平民的礼服——深衣

深衣是西周时期发明的服装款式，是将上衣与下裳连在一起的长衣。此时的深衣是贵族的常服，平民的礼服。深衣的诞生把中国服饰分成了两大款式，上衣下裳和上下衣连在一起，我们现在的旗袍、连衣裙甚至日本和服都有深衣的影子。

不分男女的鞋

商周时期的鞋子叫舄（xì）、屦（jù），款式不多，而且不分男女，鞋子都长一个样。穷苦的庶民、奴隶要么没有鞋穿，要么穿用草、麻编织的鞋。天子则比较讲究，能穿厚底的鞋，有红、白、黑三色，红色的鞋子最为尊贵。

百家百样的春秋战国服饰

周代实行分封制，周天子将自己的亲戚和有功的人分封为诸侯，诸侯有自己的封地，就是诸侯国。到了周代末年的春秋战国时期，周天子的权力越来越弱，各诸侯国崛起，社会动荡。政治上的大动乱，带来了思想和文化的大繁荣，出现了“百家争鸣”的局面。各诸侯国之间，衣冠服饰明显不同，诸子百家按照自己的理解穿得五花八门、各具特色。

诸子百家穿衣理念

在“百家争鸣”中，最有代表性的儒家、道家和墨家的理念不统一，服饰观也截然不同：儒家觉得服装必须分贵贱、别等级，规范人们的行为举止；道家崇尚自然，提倡服饰穿着应该顺其自然；墨家则讲究实用和节约，他们认为衣服只要能遮盖身体和保暖就行了。

流行服装深衣

因为社会变革和经济的发展，周代时作为平民礼服的深衣广泛流行开来。尤其是战国时期，深衣在楚国盛极一时，男女均可穿着，成为当时流行的时装。

足礼

那时的袜子是用皮或帛制成的，叫足衣。古代臣子在觐（jìn）见君主时，必须脱去鞋袜，赤足觐见，否则就是不敬，这就是足礼。足礼流行了相当长的时间，一直到唐朝，才规定除祭祀活动外，大臣不必赤足觐见了。

齐桓公的救命带钩

带钩是古人束腰上的配饰，材质有青铜、黄金、铁或者玉等。公元前686年齐国内乱，在外逃亡的公子小白和公子纠都想趁乱回国登上王位。公子纠的臣属管仲半路截击了公子小白，一箭射中公子小白的铜带钩，公子小白将计就计，装死骗过管仲，抢先到达齐国继承王位，成了齐桓公。齐桓公不计前嫌，重任管仲，在管仲的帮助下，齐桓公励精图治，成为“春秋五霸”之首。

带钩

君子死，冠不免

古人认为“身体发肤，受之父母”，不能有一点儿损伤，因此对头发非常爱护。他们不但要将头发梳成髻（jì），还要在头上戴上冠，保护头发。古人对冠极其重视，甚至到了不惜性命的程度。孔子的学生子路就曾因为在搏斗中被人击落了冠，在他停下来把冠重新系牢时被杀害。

男子冠礼

冠礼是春秋战国时期男子的成人礼。我国古代认为男子 20 岁成年之后才能成婚组建家庭，成年的标志就是戴冠。因此在男子成年这天必须要进行庄严的冠礼仪式，在冠礼上加冠。冠礼也成了男子一生中的头等大事。

女子笄礼

古代女子的成人礼，是在女子 15 岁这年举行。女子成年之后要用黑色巾帛包住头发，并用簪（zān）子固定住。因这个簪子叫“笄（jī）”，故又有女子“十五及笄”的说法。

看玉识人

“君无故玉不去身”，中国自古就是尚玉之国，玉是最重要的佩饰之一，不但因为其贵重能彰显主人身份，还因为玉有浓重的道德色彩。

孔子就以玉比德，他说玉温润而泽，是仁；缜（zhěn）密似栗，是智；有棱角又不锋利，是义；向下垂坠，是礼；敲击时声音清越，是乐；瑕不掩瑜，瑜不掩瑕，是忠；颜色美丽，是信；气如白虹，是天；精神体现在山河之中，是地；礼器总是使用玉，是德；天下人都以玉为贵，是道。《诗经·秦风·小戎》云：“言念君子，温其如玉。”所以君子以玉为贵。

君子尚玉

胡服骑射

赵国和北方游牧民族接壤，经常受到侵扰。赵武灵王发现胡人作战能力强是因为他们身着短衣长裤，行动方便。据此，赵武灵王下达了“胡服骑射”的改革命令，将赵国服饰进行了革新。赵国的胡服改革主要是改下裳为裤，同时把宽衣大袖的上衣改得更加合身，这些改革都是为了让人们骑马更加方便。胡服骑射政策让赵国军士的战斗力显著增强。

胡服骑射

简约质朴的秦汉服饰

秦始皇灭六国，建立了中国历史上第一个统一的封建国家。由于存续时间短，秦朝仅初创服饰制度，只规定了服色，服装古朴简约；而汉代继承并发展、完善了秦朝的服饰制度，汉武帝之后，经济繁荣，服饰变得丰富起来。

秦代特色铠甲

秦始皇依靠强大的军队灭了六国，因此非常重视军队的建设。秦国的铠甲非常有特色，大多是用皮制的，不同的兵种穿不同的铠甲，从衣着的灵便程度、保护重点上有所区分，使将士发挥出最大的战斗力。

根据秦陵兵马俑绘制的秦代铠甲

官员戴冠讲究

汉代非常重视冠的穿戴，必须根据场合、官阶穿衣戴冠。刘邦对如何戴冠做了详细规定，汉代的冠多达十余种：皇帝戴的是通天冠，诸侯戴委貌冠，文官戴进贤冠……现在，汉代许多冠的形制已经无法考证了。

百姓头巾随意戴

汉代官员戴冠，百姓则戴头巾。汉代常见的头巾是一种简单的帽子，可以盖住束起的发髻，周围有整齐的边沿。

汉代百姓戴头巾没有限制，可以随意戴，但是最好不要戴白色头巾，因为白色头巾是官员被贬为民的标志。

从开裆裤到满裆裤

裆（dāng）是两条裤腿在两腿之间相连的部位。春秋时期，服饰相对原始，裤子是没有裆的，人们就在外面穿一件下裳，遮住下半身。那个时候人们采用跪姿，很有可能是出于裤子没有裆的原因。到了汉昭帝时，裤子开始有裆了，但裆很浅，也没有缝合，类似于小孩的开裆裤。直到东汉才出现满裆裤，并一直影响到了后世。

水袖的出现

汉代歌舞的表演艺术已经有了很大发展，演出服装也比之前有了很大进步。汉代的歌舞伎（jì，古代对专业从事歌舞表演的女子的称呼）会在袖子的末端接一条窄且长的绸绢，这就是水袖。当舞者随音乐翩翩起舞时，“体若游龙，袖如素霓（ní）”，水袖因舞动而摇摆翻飞，使整支舞蹈也显得飘逸空灵，别有一番韵味——这就是最早的水袖。

赵飞燕的“留仙裙”

汉帝留仙

赵飞燕是汉成帝的宠妃，她姿容俏丽，舞姿超群。相传有一次她穿着云英紫裙，在高台上跳舞，忽然刮来一阵大风，赵飞燕随风旋转，好像要乘风而去。侍者们连忙拽住她，等松开手后发现裙子上出现了很多褶皱，自此之后，这种有褶皱的裙子开始流行，人们把它叫作“留仙裙”。

女子的三重衣领

汉代女子服装还是以深衣为主。相比于前朝，汉代的深衣更窄小，紧紧裹住腰身，同时呈现喇叭状的下摆，将女子优美的身体曲线展现得淋漓尽致。衣服上最有特色的当属衣领，它们内外共有三层，外层的衣领开得最大，向内依次变小，每层的衣领都清晰可见——这也是汉服最明显的标志。

发式的多样化

汉代经过“文景之治”后，政治进步，经济繁荣，和少数民族的交流来往更频繁，社会风气也因此更开放，女子的发式进入了崭新的发展时期。

汉代女子偏爱梳高髻，头发浓密的女子能梳起一尺高的发髻。汉代主要的发式有：堕马髻、瑶台髻、垂云髻、百合髻等。

《后汉书·五行志》里记载：“桓帝元嘉中（公元152年左右），京都妇女作愁眉啼妆，堕马髻。”堕马髻是当时都城妇女最流行的发型了，它的样子是将发髻偏垂在头的一边，摇摇欲坠，仿佛要从马上堕落一样。

丰富精彩的魏晋南北朝服饰

魏晋南北朝时期是继春秋战国之后的又一个大动乱时期。政局的动荡带来了服饰的多样化，民族间的融合对服饰的发展也产生了积极的影响。由于魏晋时期一些有个性的士人崇尚服食五石散，导致皮肤敏感、身体发热，因此那时的服装多是宽衣博带，颇有道家风范。

到了南北朝时期，随着北方少数民族入主中原，少数民族服饰也与汉民族服饰发生了融合，这时的服饰式样繁多，五彩纷呈。

耳坠助力貂蝉的间谍大业

貂蝉是中国古代四大美女之一，她因在王允的连环计中表现出色，而成为史上有名的“女间谍”。据说貂蝉唯一的缺陷就是耳垂太小，为了改善这一缺点，她就找人设计了一款沉甸甸的耳坠，每天戴在耳朵上，把自己的耳垂拉长，变成了完美无瑕的大美人，成功地离间了董卓和吕布。

严苛的制造军备要求

魏晋南北朝时期，北方少数民族进入中原，南北方矛盾加剧，战争成了常态。这样的形势下，各个政权对战争装备都十分重视，炼铁技术得到提高，铠甲制造技术也突飞猛进。

一些少数民族统治者对铠甲和武器制造技术提出了非常严苛的要求，什么要求呢?

《晋书·赫连勃勃传》里记载：“射甲不入即斩弓人，如其入也，便斩铠匠。”如果箭射不进铠甲里，就杀制造弓箭的人，如果射进去了，就杀制造铠甲的人，对于工匠来说，这真是“不是你死就是我亡”。

两裆铠

两裆铠是魏晋时期铠甲的一种，在前胸后背各有一组甲片，甲片有用金属制作的，也有用兽皮制作的。两裆铠因其造价低廉，且能防护住身体要害部分，士兵穿着时行动也很方便，在魏晋南北朝时期的战场上被广泛应用。

明光铠

明光铠是南北朝时期的另一种主流铠甲。明光铠的前胸甲分为左右两片，胸甲中央和后背各有一块圆护甲板，这几处金属甲板都被打磨得很光滑，在太阳照射下会发出刺眼的“明光”，使敌人眼花缭乱，不战自乱，所以叫作“明光铠”。

“竹林七贤”引领的时尚

魏晋名士“竹林七贤”，分别是嵇康、阮籍、山涛、向秀、刘伶、阮咸、王戎。相传这七位名士在竹林之中开派对，纵酒欢歌，箕踞（jījù，屁股直接坐在席上，两腿向前伸，下半身像个簸箕一样，被古人认为是极不礼貌的坐姿）跏趺（jiāfū，类似佛教徒盘腿而坐），露首袒（tǎn）体（不戴帽子，敞开上衣），弹琴下棋，手中还拿着麈（zhǔ）尾扇拂席、赶蝇，拿着如意挠痒痒。

当时的人们很羡慕他们，“竹林七贤”的这种潇洒风情一直为后人津津乐道，也引领了魏晋南北朝时期的一轮衣饰风尚。

宽袍大袖

《晋书》记载：“末皆冠小而衣裳博大，风流相放，舆台成俗。”意思是：晋末开始，一直到南朝，人们都爱戴小一点的冠，穿博大的衣服。《宋书》里写着：“凡一袖之大，足断为二，一裾之长，可分为二。”一件衣服用的布料足可以做成两件，由此可见宽袍大袖是那时候的时尚。当时人们穿衣主要追求的是放荡不羁，洒脱自由的风格。上到王公贵族，下到平民百姓，都在穿这种“褒衣博带”；甚至都出现了“宫中朝制一衣，庶家晚已裁学”的情况。

白纱帽

白纱帽是南北朝时期南朝特有的帽子，是皇帝戴的。白纱帽顶比较高，旁边还有翅，造型奇特。

仙风道骨

晋代名士王恭长得很好看，又有德行，在当时很有美誉。有一次，孟昶(chǎng)看见他坐着高车，穿着用鹤羽织成的鹤氅(chǎng，指大衣、外套)，迎着清雪缓缓而来，这一瞬间惊为天人。鹤羽本身就有仙意，鹤氅是突显一个人清高气质的代表服饰。

后世也有人穿鹤氅，在衣袍上绣鹤的图案的宽袍大袖的衣服可以称为鹤氅，再发展到后来，宽袍大袖的这类衣服也被统称为鹤氅。

佛教与服饰

佛教自东汉时期传入我国，在魏晋南北朝时期得以兴盛，这也影响到了服饰。在魏晋南北朝时期的很多服饰上都可以看到西域独有的动植物纹样，比如忍冬纹（忍冬又称金银花）、莲花纹等。女子的妆容也因为佛教的影响而出现了新样式，最著名的应该就是螺髻，虽然字面意思上看是像螺壳一样的发型，但可能更像佛顶之髻。

上俭下丰

这是晋代流行的一种服装形式，特征表现为上衣短而下裳长，这可能是因为晋代服饰在继承前代衣裳特点的同时，吸收了少数民族的服饰特点。衣服部分贴合身体，袖子却异常肥大，上衣呈现较短的样式；而下裙样式不定，但都长到拖地，裙摆飘然宽松，走起路来有一种洒脱之感。

鞋子样式多

魏晋南北朝时期的鞋子不但样式多，而且使用的面料也很丰富，有皮制的，有丝做的，还有用麻的。鞋头更是各有千秋，有凤头、聚云、重台等高头式。这些鞋头露在裙子外面，既是装饰，又能防止衣裙挡脚，踩到裙子。

谢公屐

魏晋南北朝时期，因为南方湿润干热，穿普通的履不方便，所以南朝诗人谢灵运就发明了一种前后齿可以装卸的木屐（jī），上山时卸掉前齿，下山时卸掉后齿。这样便于跋山涉水，既舒适又省力，可以说是最早的登山鞋了。

奢华高雅的隋唐服饰

隋文帝杨坚建立隋朝，统一了中国，也制定了新的服饰制度。隋初厉行节约，因此衣着简朴；而到唐朝时国力鼎盛，物产丰富，与西域、中东各国交流频繁，传统、西域、少数民族、宗教等，各种元素、风格争奇斗艳。唐朝服饰崇尚雍容华贵，风格自由、奔放，女子服饰更是相对张扬，尽显女性魅力。

设计大胆的唐朝女装

唐朝物质生活丰富，人们也以胖为美，以丰满为美。同时，唐朝相对更加开放自由，外来客商多，吸收的各民族文化也更多，思想上也更加解放。为了能突显女子的美丽，唐朝的女装设计非常大胆，领口设计得要比其他朝代低得多，有点类似于现代的晚礼服，只在特定场合才适合穿着，还不许露出肩膀和后背。不过，并不是所有女子都可以这

样穿，平民女子仍然是相对保守的。色彩方面，唐朝主打衣服颜色明快鲜艳，以红、绿、紫等艳丽的颜色为主，而且为了追求个性，甚至会出现“红配绿”这种颇为大胆的穿衣搭配，力求使自己成为人群中最不同的女性，吸引全场人的目光。

翼善冠

唐贞观八年，唐太宗李世民开始戴翼善冠，这种冠和幞（fú）头（古代男子包覆头发的头巾）的样子很像，后面的转脚向上相交，如同一个“善”字。

乌纱帽

我们常用“丢了乌纱帽”形容一个人丢了官职。隋唐时，百官士庶都戴乌纱帽。为了便于区分等级，隋朝用乌纱帽上的玉饰多少来显示官职大小：一品有九块，二品有八块，三品有七块，六品以下就不准装饰玉块了。唐朝时，乌纱帽也是“幞头”的一种，是官服的一部分。但直到明朝，乌纱帽才正式成为官员专用，甚至还添加了描金装饰，而平民百姓只能戴铜铁装饰的幞头。所以丢了乌纱帽就等于被罢了官职。

石榴裙下

“拜倒在石榴裙下”是一句俗语，形容男子甘心被女子迷倒。这个俗语的产生来源于杨贵妃。唐明皇对杨贵妃很是宠爱，很多大臣也对杨贵妃十分巴结。因为杨贵妃很喜欢穿石榴裙，所以官员就

戏称“拜倒在石榴裙下”。

石榴裙就是如石榴花般红艳的裙子，白居易有诗句“山石榴花染舞裙”，说的便是这种红裙。除了石榴裙，杨贵妃还喜欢穿黄色的裙子，可见当时不是红，就是黄，宫廷里对服装的喜好以浓烈艳丽为主。

女子着男装成时尚

女子穿着男装是唐朝女子服饰的又一特点。女子着男装，在别的朝代会被认为是不守妇道——虽然在汉魏时也有男女衣服样式差异较小的现象，但那不属于女子着男装——只有在气氛非常宽松的唐朝，女子着男装才有可能蔚然成风。女子着男装首先是在贵族和宫女中流行，后来传到民间成为唐朝女性的普遍着装方式。女着男装不但丰富了唐朝的服饰文化，更体现了大唐文化的包容开放。

武则天的铃铛裙

相传武则天晚年时身体发福，走起路来绸缎的裙子会发出“哧哧哧”的摩擦声音，很是不雅。有一天武则天外出散心，从楼阁上挂的铃铛随风而响得到灵感，便让宫女在自己的裙子四个角上缝制了十二个小铃铛，走起路来铃声清脆，叮当作响，这样就再也听不到裙子摩擦的声音了。

最炫“胡服”风

唐朝是中国封建社会的巅峰时期，当时与唐朝交往的国家有300多个。中原文化和异族文化相互交流，互相影响。随胡人而来的异域文化，特别是胡服令唐朝妇女耳目一新。于是，一阵狂风般的“胡服热”席卷中原，唐人穿胡服成为时尚，饰品也极具异域风情。

孙思邈与“红肚兜”

我国有给新生儿穿红肚兜的习俗，认为这样能避免肚子受凉，红色还有辟邪的意味。

红肚兜的来历和神医孙思邈有关。相传孙思邈治好了唐太宗妻子的怪病，太宗赐给他一件大红袍。后来孙思邈在路上碰到了一个遭遇瘟疫的村子，并出手控制了疫情。村民舍不得孙思邈走，他就留下了大红袍当作纪念。百姓知道大红袍的来历后，就将其分成小块，给新生儿穿上，后来这种习俗就流传了下来。

百官百姓禁穿黄色

《新唐书》中记载，唐高祖的时候，“既而天子袍衫稍用赤黄，遂禁臣民服”。

唐朝时黄色成了皇帝的专用色，百官百姓禁止使用，这是因为在中国古代的“五行说”里，黄色代表中央方位。隋唐时期结束了分裂割据局面，完成了大一统，统治者认为自己是天下的主人，所有人都要服从中央，因此选用黄色为专用色，寓意自己的正统地位。

淡雅内敛的宋朝服饰

宋朝的统治者为了维护其统治的稳定，推行“程朱理学”，提倡“存天理，灭人欲”，用封建伦理纲常来束缚人们的物质欲望。因此，宋朝的服饰褪去了唐朝的奢华，体现了别具风格的淡雅，通过精心的裁剪、缝制，配以简单得体的配饰，别有一种婉约之美。

东坡巾

东坡巾又叫“乌角巾”，是帽子的一种，其样式十分方正，中间是一个四方的“桶”，外侧有四面“墙”，戴的时候有一个棱角要正对前方。相传这是苏东坡佩戴过的，所以得名东坡巾。苏东坡是宋朝著名的政治家、文学家，更是“唐宋八大家”之一，在文、词、书、画等方面都取得了很高的成就，是豪放派词人的代表。他官职虽然很高，但非常平易近人、清廉自律，深受百姓敬爱。因此，百姓爱屋及乌，都以戴东坡巾为荣，以自己的方式默默支持苏东坡，这应该就是古代的“追星”行为吧。

直脚幞头中的大玄机

乌纱帽两边的带子叫作“幞脚”，各个时期常见的都是软幞脚，唐朝时，出现了硬幞脚。到了宋朝，硬硬的直脚幞头被使用得越来越多，起初还没有那么长，不知从什么时候起，变得越来越长，两脚左右平伸，长度可以达到一尺还多。据说这种长幞脚能防止官员交头接耳。因为官员要保持幞脚的端正，必须身体端正，稍有懈怠，或者交头接耳，幞脚就会晃动，很容易被发现。

朝天髻

朝天髻，又称为“不走落”，始于五代，在宋代十分盛行，而且不分老少尊卑，都可以梳这个发型。

这个发型需要一开始将头发梳至头顶并且编成两个圆柱形发髻，然后将发髻反绾（wǎn），伸向前方做成朝天状。

宋朝女子的朝天髻

三寸金莲

中国女子缠足兴起于宋朝，一直持续到民国初期。宋朝信奉程朱理学和孔教，认为女子应该遵守妇道，大门不出。缠足后的小脚，使女子在站立和走路的时候如弱柳扶风，既符合当时审美观，又因统治者推广和文人推波助澜，导致这个陋习一直流传至后世。人们把裹过的小脚称为“莲”，不同大小的脚是不同等级的“莲”，有“铁莲”“银莲”和“金莲”之分。因为缠足，宋朝上层女子的鞋以绣鞋、缎鞋、金缕鞋等为主。为应对各种“莲”，鞋的设计、刺绣、制作都有一定程式，制作好的鞋精小俏丽，鞋面上还绣着各式美丽的图案。

小鞋

褙子

褙（bèi）子是宋朝一种很有代表性的服饰，男女都可以穿，多为对襟直领，而且从皇帝到后妃，到官员，到士人，到商贾，到平民都穿，是一种十分普遍的服装，只是在袖子的长短、宽窄、衣长上有些形态的不同。

宋朝的褙子很长，甚至垂到脚，两侧不缝起来，必要的时候可以用带子系住。

平民的黑白世界

宋朝初年，平民只能穿白色粗麻布衣，要穿黑色的还必须皇上下诏特许。到了公元989年，皇帝又下令说地位低下的商人、小吏、平民、杂耍艺人等，只能穿黑白两种颜色的衣服，不能随便穿其他颜色的衣服。

女子爱穿裙

宋朝裙装

宋朝女子的下裳以裙子为主，相比于前朝，宋朝女子的裙子比较窄，上衣下摆垂落在裙子外面。宋朝对裙子的纹饰和色彩比较讲究，纹饰多为彩绘纹，而颜色上以黄色为贵，红色为歌舞伎所穿，青绿色裙子多为农村妇女和老年妇女所穿。

裤子盛行

由于宋朝经济的发展，椅子、凳子开始出现在日常生活中。人们由过去的席地而坐改为垂足而坐，因此裤子开始盛行，成为数量上仅次于裙子的下裳。一般贵族妇女在裙子里面穿裤子，而劳动妇女则把裤子直接穿在外面。

特色鲜明的辽、金、元民族服饰

辽、金、元分别是由契丹族、女真族和蒙古族建立的国家。而各个时期的服饰风格与汉文化融合后，既保留了游牧民族的特色，又吸收了汉族服饰的特点，呈现出一个多样化的服饰格局。

“一分为二”的大辽服饰制度

辽国在服饰方面实行“一分为二”的制度，根据社会等级、官阶高低定服饰。大辽法律规定：太后与北班契丹臣子穿契丹本民族的服饰，而皇帝和南班的汉族大臣则穿汉服。到了公元1031年以后，就允许所有的辽国臣子，不分品级，在大型仪式上都改穿汉服，这也说明了辽国的汉化程度。

吊敦——脚蹬裤的始祖

我们现代人穿的脚蹬裤，其实来源于“吊敦”。吊敦是在裤洞下面踝（huái）骨处，横向缝制一条套带，穿的时候将套带蹬在脚心，再穿鞋或靴子，裤脚就不会上翻了，同时因为吊敦上宽下窄，能防止冷风侵入，非常保暖，所以它也深受周边其他民族的欢迎。

独特的大辽巾帽制度

大辽的巾帽制度与前朝有很大不同。辽律制规定：除了王公贵族及一些特定级别的官员具有戴冠资格外，其他人一律不得戴帽，即使在寒冷的冬天，也不能戴帽，而贵族在冬天所戴的皮毡笠，上面还会有金色的花纹作为装饰。而对于巾裹，是与汉族来往密切后，才被大辽的契丹人所接受的，并且成为贵族中的热门物品。虽然规定没有那么严苛，但是也需要满足很高的条件才能戴。《辽志》记载：如果契丹国内要是有富豪想戴象征着阶级身份的契丹头巾的话，需要献纳十头牛、百匹马才有可能戴上头巾。这种数量的纳贡，可不是一般人能承受的。因此在大辽，中下层官员和平民一年四季都是裸露头顶的。

大辽男子发式

大辽男子的发式很有少数民族特色：一般是将头顶上的头发剃光，只在两鬓或前额留少许头发作为装饰。有的会在前额留一排短发，或是在两鬓留着长发，并将其修剪成各种形状，垂到肩上。

金朝爱用环境色

爱用环境色是金朝服饰的一大特点。因为女真族是游牧民族，以狩猎为生，穿着与环境颜色相近的衣服能更好地隐藏自己和靠近猎物，从而保护自己，所以，金朝的服饰除了多取材于动物皮毛外，还会在衣服上绣上“熊鹿山林”“祥鸟花卉”等来迷惑猎物。

也因为地处北方，所以金人不分贵贱都可以穿皮毛，只是富者能用珍贵的皮毛，比如熊、貂鼠、狐等的皮毛做衣，而贫者用牛、马、猫、狗、獐、羊等的皮毛做衣。

元朝乱穿衣

蒙古族人入主中原建立元朝后，为汉族服饰的奢华所倾倒。但由于蒙古族人对汉族服饰缺乏研究，对图案、配饰、颜色都不了解，所以出现了乱穿衣的现象。比如只能绣在龙袍上的龙，也出现在了蒙古族老百姓的衣服上。

元朝发型

元成宗冠发

元朝流行“婆焦”头，不论帝王还是百姓，都将头顶正中及后脑的头发全部剃掉，只在前额正中和两侧鬓角留三绺（liǔ）头发。正中的一绺头发剪短垂散下来，而两侧的两绺则梳成小辫儿挽成发髻垂至肩头，这种发式也叫作“不狼儿”。

元朝男子都佩戴耳环。图中元成宗戴的这种帽子叫“七宝重顶冠”，俗称“钹（bó）笠冠”，因为和乐器“钹”相像而得名。

黄道婆

元朝重视棉花种植，元初的时候，还有一位重要的棉纺织家出现，她就是黄道婆。

黄道婆也叫黄婆、黄母，历史上只留下了她的姓。黄道婆本是松江乌泥泾（现在上海徐汇区华泾镇）人，因为生活的不幸流落崖州（今海南），寄居在道观里，与当地的黎族人共同生活，学习了当地的纺织技术。后来，她将黎族的纺织技术带回中原，并与汉族纺织技术相结合，创制了新的纺织设备，还用错纱、综线等新方法织出了有着非常漂亮的图案的棉布，推动了棉纺织业的发展，使当时的松江地区成为全国的纺织中心。

端庄大方的明朝服饰

公元1368年，朱元璋在南京建立了明朝，使汉族回归到了正统地位，汉族服饰开始复兴。明朝的服饰特点是官员服饰首次出现了“补子”；男子服装由对襟领变为圆领；女装风格多样，既端庄又活泼。明朝以其端庄传统、华美艳丽的服饰特色，成为中国古代服饰艺术的典范。

明朝服饰特点

明朝服饰具有以下四个特点：首先是排斥胡服，明太祖下诏“衣冠悉如唐朝形制”，恢复汉服传统；其次是突出皇权，彰显皇帝威严；再则是强化了服饰的品阶与界限，体现严格的等级观念；最后是崇尚繁丽华美，吉祥纹样被大量用于服饰之上，服饰包含了更多粉饰太平和吉祥祝福之意。

明内侍服饰

纽扣的广泛应用

明朝用纽扣代替了带结。纽扣最早出现在元朝的袄子上，但到了明朝发生变革，被使用到了衣服前襟和领口上。从此人们很少再用带子束紧衣服了，而是直接扣上扣子，比以前方便了许多。纽扣的材质有金、银、铜、玉、水晶等，还会镶嵌红蓝宝石进行点缀。形式上除了正常衣服上的单粒纽扣，还有女性衣服领子上的揿（qìn）扣。

以红为美

明朝因为皇帝姓朱，所以以朱为正色；又因为紫色和红色接近，所以废除了紫色在官服中的使用，但只有官职较高的官员才可以穿红色的官服。妇女的结婚礼服也开始以红色为主色调，这种偏好在明朝中后期发展到民间，形成了中国人偏好红色的特点，并一直延续到现在。如今在我们传统的节日中，总是呈现一片红色的海洋。

红色官服

“时尚达人”朱元璋

明太祖朱元璋不仅是明朝开国之主，而且还是明朝的“时尚达人”，引领了明朝的服饰发展。朱元璋重新制定了服饰制度，发明推广了很多新的服饰和发饰，如网巾、四方巾、瓜皮帽等。

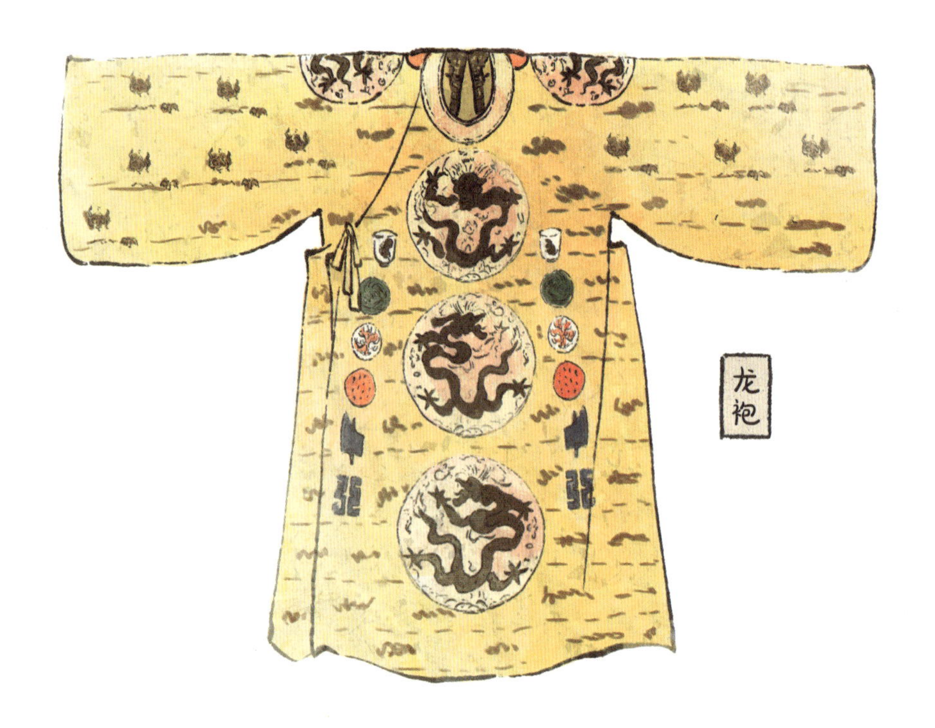

龙成为帝王专用标志

对于中国人来说，龙是神力的象征，是一种高贵的图腾，所以历代统治者都自称“真龙天子”，并利用这点来强化自己的统治。到了明朝，龙成了帝王的独有标志，只有皇帝和他的亲属才能在衣服上绣龙。万历皇帝曾经在他的“缂（kè）丝十二章衮服”上绣了12 条团龙。“五爪金龙”为皇家专属，大臣们只能穿有四爪的“蟒龙”，虽说是“蟒龙”，但终究更倾向于“蟒”这个意思，毕竟大臣怎么可以有天子的规格呢？

红笠军帽

明朝的军帽是红笠军帽，样子有点像红色的小斗笠。军帽上面有染色的天鹅翎羽，军阶高的人会装饰三根翎羽。

官服制

明朝官服根据品级的高低有很大的不同，像朝冠、腰带、系玉的绶带、手拿的笏（hù）、公服颜色以及补子绣纹都各有专门要求，这样就可以让人一眼看过去就知道这个人在朝中的任职高低。

“打补丁”的官服

“打补丁”是明朝官服上最有特色的装饰，叫作“补子”。补子分别缝在前胸后背处，是绣有图案的方形布块，不同的图案来代表不同的官阶。文官绣鸟类纹饰，武官绣兽类。补子是明朝新出现的等级标志，也是明朝在官服上的一个创新。

“衣冠禽兽”的来历

“衣冠禽兽”这一成语源于明朝官服上补子的图案，文官绣飞禽，武官绣走兽，所以“衣冠禽兽”也成了文武百官的代名词。到了明朝中晚期，官场腐败，民怨沉重，“衣冠禽兽”就演变成了为非作歹、如同禽兽的贬义词。

繁复精美的清朝服饰

清朝是女真族（后来改为满族）建立的王朝。清军入关后，他们担心本民族文化被汉化，于是在全国范围内展开了大规模的服饰改革，废除了一些前朝的服饰制度。他们要求汉族男子剃掉额发，像满族人一样在脑后留长辫子；要求百姓全部穿戴满族服饰。

到了清朝后期，国门被西方列强打开，在改革派“中学为主，西学为辅；中学为体，西学为用”的思想影响下，西式的服装也影响到了中国服饰。

总体来说，清朝的服饰有着区别于之前朝代的鲜明特点，少部分借鉴了汉民族元素，更加注重实用性。

窄袖紧身

清朝是中国最后一个大一统封建王朝，也是由少数民族建立的王朝。入主中原的清朝统治者，在建立政权的初期也面临着服装的规制问题。按照一贯的思路，少数民族统治者恐怕要汉化，才能顺利地推行统治。不过，清朝的统治者认为，服装如果改为汉人的宽袍大袖，骑不得马，拉不了弓，打不了仗，军队的战斗力一定会下降。所以，大清前期的几位统治者坚决要保留满族窄袖紧身的传统服饰，以避免后世子孙荒废骑射、丧失武力。

清朝传统服饰的袖子不光袖口窄，还是特别的“马蹄袖”，就是袖口有一块突出的布料，形状非常像马蹄。这大概是因为女真族早年活动在北方地区，天气寒冷，突出的马蹄袖有良好的御寒作用吧。

八旗

在清朝入主中原之前，女真族同其他北方少数民族一样，以部落形式分散活动在我国北方地区。后来，女真各部被努尔哈赤统一。1601 年，努尔哈赤将部众编为黄、白、蓝、红四旗，以便统领。几年之后，部众越来越多，努尔哈赤便创立了清朝的八旗制，分别是正黄、镶黄、正白、镶白、正红、镶红、正蓝、镶蓝八旗。

八旗

剃发易服

1644 年和 1645 年，清朝两次下达了全国范围的剃发命令，其中 1645 年的命令极其严格，以“留头不留发，留发不留头”为原则。

汉人对头发十分珍惜，认为“身体发肤，受之父母”，损伤即是不孝，这与清朝习俗有很大冲突。为此，全国多地发生暴动，清军多次派大军镇压。反抗较为强烈的江阴人民在清军镇压之后，或战死，或在城破后被杀。

从剃发到剪辫

清朝初期，清朝统治者下达了剃发蓄辫的命令，这引起了国人大规模抵抗。

而到了清朝后期，国人眼界洞开，清廷也派遣留学生到西方学习。这些留学生看到了外面的世界，吸收了先进思想，便从头上的辫子入手，剪掉长辫，梳起了短发。清政府为了提高战斗力，也开始操练新军，穿西式的操衣、军帽。

到了宣统二年，清政府批准臣民自由剪发，而这一命令又遭到顽固派阻挠，一些百姓也因为积习太久，非常抗拒剪掉头上的辫子。

等级森严的官服制度

清朝的官服制度等级森严，服饰的规定非常繁复。王公大臣除了着箭袖、蟒服、披领、翎羽外，对服装的颜色质地、胸前的补子、朝珠等级、翎子眼数以及冠顶的材料等也都有着极其严格的规定。

顶戴花翎

顶戴花翎指的是清朝冠上的顶珠和冠后的花翎，是当时区别官员级别的重要标志，也是清朝独创的用服饰来“标识品序”的方法。翎羽分为花翎和蓝翎两种。花翎由孔雀毛和鹖（hé）羽制成，而蓝翎的制作材料仅为鹖羽染成蓝色；五品以上才可以使用花翎，五品以下只能使用蓝翎。官员被革去官职时，必须除去顶戴花翎，表示不带官职。但在清末，清政府腐败不堪，花翎甚至可以依靠捐款获得：蓝翎四千两，花翎七千两。

冠上的顶珠也用不同的材质制成，用来区分官职等级。清朝一品文武官员用红宝石顶珠，二品用红珊瑚顶珠，八品、九品官员是用普通顶珠的。考试中的状元，也是有顶珠的，他们的顶珠是水晶做的。

朝珠

在影视剧里，清朝的皇帝和大臣在正式场合都会佩戴长长的朝珠。朝珠源于佛教的佛珠，是由一百零八颗圆珠子穿起来做成的。长长的朝珠上还有三串小珠，两小串在同一边，一小串在另一边。男子戴朝珠时，两小串垂在胸前的左边；女子戴朝珠时，两小串垂在胸前的右边。

清朝补服图案

文一品，绣鹤。

文二品，绣锦鸡。

文三品，绣孔雀。

文四品，绣雁。

文五品，绣白鹇（xián）。

文六品，绣鹭鸶（lùsī）。

文七品，绣鸂鶒（xīchì，形体较大，似鸳鸯）。

文八品，绣鹌鹑（ānchún）。

文九品，绣练雀（白色长尾的瑞鸟）。

武一品，绣麒麟（神话动物，传说中的瑞兽）。

武二品，绣狮。

武三品，绣豹。

武四品，绣虎。

武五品，绣熊。

武六品，绣彪（biāo，虎身上的花纹，也指小虎）。

武七品，绣犀。

武八品，同武七品。

武九品，绣海马（不是海生物，是神话动物，能入水神行）。

长袍马褂

长袍马褂是清朝男子最常见的服装，官员闲居时穿，平民生活里也穿。

长袍穿在里面，长度至脚，马褂穿在外面，长度仅到肚脐，我们一看这种穿着，便知道是典型的清朝人了。

马褂式样很多，有对襟的，就是左右两片一般大，用纽扣系在胸前；还有大襟马褂，衣襟开向右边，纽扣系向一侧，样子很别致；还有在襟前装饰如意的，显得富贵豪华。除此之外，马褂还有宽袖、窄袖、长袖、短袖的区别，马褂袖子的末端是齐的，没有马蹄形。

除了马褂，清朝人还穿马甲，马褂是有袖的，马甲是没有袖的。

清朝满族女子的发型

清朝满族女子梳“一字头”，也叫“两把头”，是将头发向后梳，分为两股，向下折到后颈，再向头顶梳，缠上一块“扁方”，扎束成一个鲜明的发髻。到清代中后期，头上的发髻越来越高，越来越大，好像顶着一块小黑板，称为“大拉翅”。

满族女子爱戴花

在头上戴花也是满族女子装束的一大特色。她们会在“两把头”的正中央戴一朵大花，显得富丽堂皇。还会在不同的节日戴不同的花，一般立春戴绒春幡，清明戴绒柳芽花，端午戴绒艾草，中秋戴绒菊花，重阳戴绒茱萸，冬至戴绒葫芦花。

满族女子还会在头上戴珠翠，不过清朝前期提倡节约，以戴绒花居多，并成为一道别致的风景。

长方形的旗装

旗装是满族的传统服饰。清朝女子的旗装长及脚面，整体呈长方形。衣服从上到下没有腰身，衣外加衣，造型完整严谨，就像一个封闭的盒子，肃穆庄重，是满族女性的代表性服装。

坚固的花盆鞋

清朝满族妇女的鞋底是用木头做的，而且鞋底很高，就像将高跟放在了鞋中间的高跟鞋。这种鞋上下宽，中间细，就像一个花盆，因此称为“花盆鞋”。花盆鞋鞋底非常坚固，往往鞋面破损了，鞋底还完好如初。

洋味十足的民国服饰

20世纪初的辛亥革命不仅改变了中国的社会面貌，而且给中国传统服饰带来了巨大冲击。这一时期的男装呈现出新老交替、中西并存的状态，而广大妇女摆脱了缠足，女子服装也大胆变革，开始展现女性自然的曲线美,因此修身的改良版旗袍成了女士的普遍穿着。

“国服”中山装

中山装是由学生装和军装改进形成的服装，由孙中山先生设计并率先穿着，故得名“中山装”。孙中山先生吸收了西方服装的优点，改良了传统中装宽松的结构：中山装贴身适体，胸前有等距离的纽扣，两边对称有四个口袋，既实用又稳重，符合东方人含蓄内敛的气质。

人人爱长袍

民国初年最流行的服装非长袍莫属，男女皆可穿。这种长袍袍长过膝，圆领，大襟有扣襻（pàn，用来固定纽扣的套），袖子肥瘦适中，侧面各开一个口子。长袍又有单袍、夹袍、棉袍和皮袍之分，满足了人们一年四季的穿着需求。

旗袍的花样年华

电影《花样年华》中，张曼玉用20多套旗袍展现了东方女性的温婉风韵，也在世界范围内掀起了“旗袍热”。旗袍起源于满族服装，经过不断发展改进，成为民国时期都市女性的主要服装。旗袍与中国女性的身材、肤色、相貌、气质非常匹配，也因此成了中国的符号代表。

西装上身人精神

民国时期，随着中西文化的交流，西装也随之流行起来。红帮裁缝缝制了中国第一套西服。19世纪20年代，中国出现了很多制作西装的公司，出产国产名牌西装，报纸、杂志也开辟专栏介绍西装。当时的广州是西装流行的前沿阵地，男子是否穿西装一度成了广州女孩的择偶标准。

变化多姿的女学生装

民国时期，思想文化领域产生重大变革，一向不出深闺的女子纷纷走进校门，也因此诞生了独具特色的女学生装。民国时期的女学生装大体分为两类：一类是中西混合的短袄长裙，又称“文明新装”；另一类就是改良的旗袍。

足下生姿

民国时期，绣花鞋、靴子等不实用的鞋子已不再流行，舒适耐用的鞋更受欢迎。男子喜欢穿小圆口的千层布鞋，青年公务人员穿西式皮鞋，学生穿橡胶底球鞋，青年妇女穿高跟鞋，而成年妇女则以尖口布鞋为主。

模特的伯乐——蔡声白

蔡声白是民国时期上海美亚丝绸厂的厂长。在 1930 年，美亚丝绸厂成立十周年之际，他组织了一场时装秀，盛况空前，《申报》连续报道了三天，在上海滩引起了轰动。模特这个职业也自此在中国出现，因此蔡声白堪称开辟中国模特事业的“伯乐”。

传媒助时尚

传媒引领时尚潮流早在民国时就开始了。那时不但《申报》《大公报》等开辟女性专栏，介绍时装、妆饰等；还有倡导新式都市生活的《良友》《玲珑》等专门杂志，内容从服装到鞋帽，从化妆到美容，无所不有，成为推动流行不可或缺的因素。

从陪衬到点睛的配饰

配饰是服饰的重要组成部分，人们从头到脚都可以用配饰装点。人类使用配饰起源于远古，只要有生活的余力，人们就在想办法装饰自己。文明时代开始后，配饰与衣裳一起，成为人们身份的标签。

同时，配饰还有许多实用功能，在实用之上制作得精美典雅，体现了历朝历代首饰匠人和设计者的巧思巧技。

羽饰

羽饰起源于原始社会，不仅作为装饰品，同时也是彰显力量的道具，也可能吓退野兽。后世的兵戎配饰里，总会有羽饰出现，汉代军官的帽子上，左右各有一根翎毛，就是象征力量的符号。我们看《西游记》，孙悟空还在当他的齐天大圣时，头戴凤翅紫金冠，这凤翅就很可能是两根长长的翎毛。

玉梳

梳和篦（bì）是梳头发的用具，这类用具总称为“栉（zhì）”。梳子能通畅头发，打理出更精致的发型，篦则是用来清洁头发的。古人头发很长，当时却没有自来水，不能常常洗头。休沐假也是5天一次，那么平时就要用篦来清洁头发，篦能除尘垢，还能除头虱。我们现在卫生条件好，人们头上已经不生虱子了，但在古代，虱子

可是常见的小动物呢。梳齿疏，篦齿密，一个造型用，一个清洁用。

考古学家在战国时期的墓葬里发现了长齿的玉梳，如果用这种玉梳梳头，梳齿岂不是一下子就断了吗？

所以，考古学家推测，这种玉梳是发饰的一种，是用来装饰头发的，同时，也能在一定程度上起到固定作用。

玉梳

配绶

代表身份的配绶

《礼记》中说：“君无故玉不去身。”配绶（shòu）是汉代服饰的一大特色，配是玉饰，绶是系住官印的带子，用丝带编制而成。汉代规定，官员官职越高，配绶的绶带就越长，最长的绶带接近三丈，而最短的绶带也有一丈二。长长的绶带一般都是打成回环，因此，观察官员腰间的绶带回环就知道他们的官职大小了。

假发

我国古人看重头发，有着一头乌黑亮丽的长发是一件令人羡慕的事情。头发生得好叫“鬒（zhěn，头发密而黑的样子）发如云”，油黑油黑的叫“光可鉴人”。那么如果头发生得不好怎么办呢？那就只能戴假发了。古人管假发叫“髢（dí）”，“鬒发如云，不屑髢也”是说头发生得像堆云一样，根本不屑去用假发。

穷人会将自己长得很好的头发卖掉换些银子，买这些头发的人就拿去制成假发髻来戴或者出售。刚刚说过古人不屑用假发，那为什么还会有人制作假发呢？其实假发还可以戴在假人头上。魏晋南北朝时期，女性就喜欢把自己的头发做成高发髻，上面插满装饰，但是这种发型用发很多，而且还不持久，只能先用假人头上的假发练练手，确定了发型之后再做自己的发型。

因为假发，还生出过一场风波。

《左传》里记载，卫庄公在戎州城见到一位己氏妻的头发长得特别好，便让人想方设法偷偷剪掉带回来，给自己的妻子做假发用。这太缺德了，也很荒唐。己氏妻的头发真的被剪掉了，己氏也跟卫庄公结下了仇。后来，卫庄公被人杀害，凶手正是己氏。

唐代官员“身份证”——鱼符

兵符历代以虎形为主，唐高祖为了避讳他爷爷“李虎”的名字，改称鱼符。当时唐代五品以上的官员都佩戴鱼符、鱼袋。鱼符内刻着官员的姓名、官职、任职衙门，等等。鱼符以及装鱼符的鱼袋都要根据官员的品级和身份选用不同的材料。武则天登基后改鱼符为龟符，鱼袋为龟袋，中宗后又改回了鱼符。说到底，无论是鱼符、龟符，还是有文献记载的兔符，都是一种有装饰功能的“身份证”。

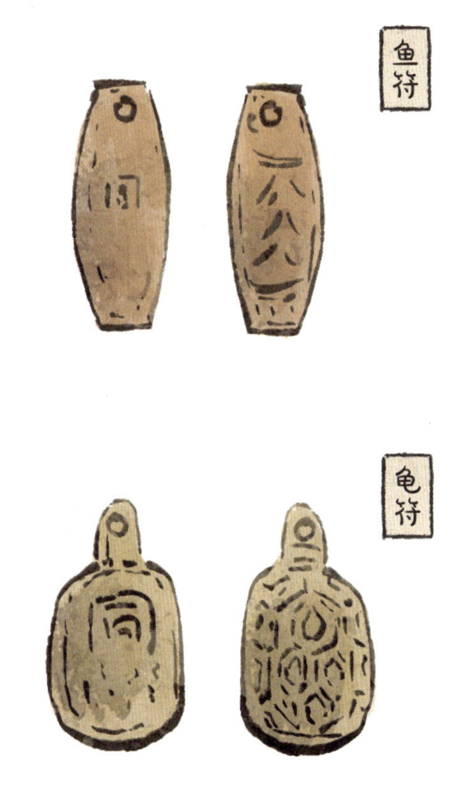

囊

古人并不像我们出门提着大包小包，他们出门都带着“囊”。佩囊是中国早期的手包，像一个小型口袋。外出时挂于腰间，里面放着印章、凭证、钥匙、手巾等小物品。此外，还有装扇子的扇袋，装书的书囊等等。三国时期，关羽的胡子非常漂亮，他自己也对胡须爱护有加，据说连自己一共有几根胡须都知道。他为了保护长须，还佩戴了须囊。

香囊

在一千多年前的汉代，中国就有了用香料除秽香体的记载了。端午节有挂香囊的习俗，这也是一种预防传染病的方法。中医认为，夏季湿热，细菌容易滋生，而香囊则有杀菌和提高身体抵抗力的作用。

香囊的样式颇有讲究，老年人喜欢佩戴象征万事如意、家庭和睦的梅花、双莲并蒂等形状的香囊。小孩喜欢的是飞禽走兽类的，如虎、豹、斗鸡、赶兔等。青年人戴香包最讲究，如果是热恋中的情人，那多情的姑娘很早就要精心制作一二枚别致的香包，送给自己的情郎。小伙子戴着心上人赠予的香包，自然要引起周围男女的评论，直夸小伙的女友心灵手巧。

冠

起初人们戴发冠只是为了生活方便的同时美化一下自己，发冠没有具体的样式规定。大约在商代，开始出现冠服制度。到了汉代，衣冠制度又被重新制定，通过冠帽就可以区分出一个人的官职、身份和等级。古代只有小孩、罪犯、异族人和平民四种人不戴冠。

璎珞

璎珞本来是古代印度佛像颈间的一种装饰，后来随着佛教一起传入我国。唐朝时，被爱美求新的女性所模仿和改进，成了贵族常见的饰品。璎珞有美玉的意思，是古代用珠玉穿成的装饰品，多用作颈饰。它形制比较大，在项饰中最显华贵。

自然摇曳的步摇

步摇是汉代女子最时尚的头饰，簪钗上缀着可活动的花枝状饰物，饰物上垂有琼玉，行走时，簪钗上的珠玉会随步伐自然摇曳，由此得名。

另类“时世妆”

“时世妆”是唐朝元和年后，在吐蕃服饰化妆影响下出现的特色妆容，又名“啼妆”“泪妆”。特点是两腮不施红粉，只在唇上涂上黑色唇膏，将眉毛画成“八”字形，看起来像女子悲啼。

花黄

花黄是把黄金色的纸剪成各式装饰图样，贴在额头上，或是用颜料在额间绘上黄色花样。这种化妆方式起自秦代，至南北朝时期成为流行的妇女面饰。

相传刘宋武帝的女儿寿阳公主十分貌美，有一天，她卧躺在宫殿的檐下，一阵风吹过，有几瓣梅花恰巧落在她的额头。梅花渍染，留下斑斑花痕，寿阳公主被衬得更加娇柔妩媚。传到民间，许多女子就设法采集黄色的花粉制成粉料用来化妆，人们便把这种粉料叫作“花黄”“额花”。由于粉料是黄色的，再加上采用这种妆容的大都是没有出嫁的女子，慢慢地，“黄花闺女”一词便成了未婚少女的专有称谓。

簪花

在我国古代，簪（zān）花可不是女性的专属。宋朝男子簪花非常普遍，就像穿衣戴帽一样是很平常的。

清朝时，女子更喜欢簪花，乡间平民女子没有昂贵的珠玉，便将山花插在发间；北方的丰台多种鲜花，供京中女子佩戴。《红楼梦》中，有大观园中众女子簪花一节，刘姥姥满头鲜花的形象更是令人印象深刻。

耳铛

耳饰是配饰中极早出现的一种，金、银、玉、珠都可以制成耳饰。到了清朝，后妃出席典礼时必须佩戴三对耳铛。